光阴里的建筑

江苏 20 世纪建筑遗产

江苏省住房和城乡建设厅
江苏省地方志办公室
江苏省建筑与历史文化研究会

组织编写

中国建筑工业出版社

图书在版编目（CIP）数据

光阴里的建筑：江苏20世纪建筑遗产 / 江苏省住房
和城乡建设厅，江苏省地方志办公室，江苏省建筑与历史
文化研究会组织编写. —北京：中国建筑工业出版社，
2023.9

ISBN 978-7-112-29109-0

I.①光… Ⅱ.①江… ②江… ③江… Ⅲ.①建筑—
文化遗产—研究—江苏—20世纪 Ⅳ.①TU-87

中国国家版本馆CIP数据核字（2023）第170529号

责任编辑：宋　凯　张智芊
责任校对：芦欣甜
校对整理：张惠雯

光阴里的建筑　江苏20世纪建筑遗产

江苏省住房和城乡建设厅　江苏省地方志办公室　江苏省建筑与历史文化研究会　组织编写

*

中国建筑工业出版社出版、发行（北京海淀三里河路9号）
各地新华书店、建筑书店经销
华之逸品书装设计制版
北京富诚彩色印刷有限公司印刷

*

开本：787毫米×1092毫米　1/20　印张：5⅓　字数：64千字
2023年9月第一版　2023年9月第一次印刷
定价：**98.00**元
ISBN 978-7-112-29109-0
（41831）

编委会

学 术 指 导：周　岚

编委会主任：费少云　王学锋

主　　　编：金　文　左健伟　刘大威

审　　　核：曹云华　汪晓茜

策　　　划：崔曙平

文　　　字：范朝礼　王泳汀　胡严培

绘　　　画：龙　珏

书 名 题 字：刘元堂

绘 画 题 词：胡严培

翻　　　译：樊思嘉　刘　斌

编　　　辑：崔曙平　富　伟　刘　斌　刘羽璇
　　　　　　王泳汀　樊思嘉　胡严培　程丽圆
　　　　　　陈雅薇　薄皓文　杜小旋

校　　　对：徐红云　陈　婧

编 写 单 位：江苏省城乡发展研究中心

光阴里的建筑

—— 江苏20世纪建筑遗产

建筑是时光的见证者。

20世纪,悠久的中华文明经历风雨,浴火重生。而承载与见证这段不平凡历史进程的20世纪建筑遗产,也因此被赋予了更多的文化精神和历史记忆。今天,这些可沉浸、感知和触摸的建筑遗产,构成了城市文化气质的底色,承载着城市的历史记忆、文化特质和民族情感,也成为城市活力再生和魅力彰显的重要空间载体。

江苏地处中国东南,自宋明以来一直是物产丰盈、财力充沛的富饶之地,也是人才辈出、艺文昌盛的人文渊薮。20世纪的江苏,率先遭遇西方文明冲击,南京国民政府定都于此也使得江苏的20世纪建筑遗产尤为丰厚和璀璨。从纵向的历史脉络看,江苏被列为全国重点文物保护单位的建筑遗产中,以20世纪建筑遗产数量最多;从横向的地域差异看,江苏入选中国20世纪建筑遗产名录的数量在全国各省区中位列第一。

遍览江苏20世纪建筑遗产,不仅可以感知中国百年历史的沧桑巨变,厘清中国传统建筑营造方式的近代变革以及中国建筑近现代职业化的努力，更体现出国人在百年变局中自强不息、自力更生的伟大精神和对国家兴盛、民族复兴的理解与不懈追求。

本书以水彩速写的形式直观展现江苏53处列入中国20世纪建筑遗产名录的优秀建筑遗产，以期展示其独特的文化魅力和蕴涵的丰富文化精神，为推动20世纪建筑遗产融入时代发展、融入现代化、融入城市生活贡献力量。

本书收录的53处江苏20世纪建筑遗产均由青年画家龙珏先生所绘，青年书法家刘元堂教授为本书题写了书名，胡严培老师为绘画题词，在此深表谢意。

编者

2023年8月2日

南京长江大桥
桥头堡

一桥飞
架南北
天堑上
变通途

南京长江大桥桥头堡

地　　点　南京市
设　　计　钟训正
建成时间　1968年
中国20世纪建筑遗产

　　南京长江大桥是长江上第一座完全由中国人自行设计、自行建造、自行生产材料建成的双层式铁路、公路两用桥梁，采用富有中国特色的双孔双曲拱桥形式，是当时中国最长、桥梁技术最复杂的铁路、公路两用桥，被誉为中国人的"争气桥"。由钟训正院士设计的"三面红旗"桥头堡方案，在众多征集方案中脱颖而出，被周恩来总理选定，体现出社会主义建设时期的时代特征与精神风貌。

Bridgeheads of Nanjing Yangtze River Bridge

Location　Nanjing
Designer　Zhong Xunzheng
Built Time　1968

The 20th Century Chinese Architectural Heritage

邮政编码：

中央大学旧址

地　　点　南京市
设　　计　英国公和洋行、关颂声、朱彬、杨廷宝等
建成时间　1933年
中国20世纪建筑遗产
全国重点文物保护单位

　　原中央大学是民国时期国立大学中系科设置最齐全、规模最大的大学。校园规划建设借鉴20世纪30年代西方校园流行的"端景式"空间结构处理手法，将造型独特的大礼堂作为构图中心，辅以错落有致、排列有序的西洋古典式建筑群，配合几何方正的道路网架，堪称典范。

The Former Site of The Central University

Location　Nanjing
Designer　Palmer&Turner; Guan Songsheng; Zhu Bin;
　　　　　Yang Tingbao; et al.
Built Time　1933

The 20th Century Chinese Architectural Heritage
Major Historical and Cultural Site Protected at the National Level

邮政编码：

金陵女子大学东方典美校园

金陵女子大学旧址

地　　点　南京市
设　　计　亨利·墨菲、吕彦直
建成时间　1923年
中国20世纪建筑遗产
全国重点文物保护单位

　　金陵女子大学是美国设计师亨利·墨菲在南京的第一个作品，校园的规划设计采用了中国古典园林的空间布局和造型，朱红明黄的中国古典色彩搭配与西式建筑的方形框架入口，清代宫殿式的歇山顶与用钢筋混凝土制作的斗拱，中国古典园林的曲径通幽与西方校园的开放式空间相得益彰，被誉为"东方最美校园"。现为南京师范大学随园校区。

The Former Site of Ginling College

Location　Nanjing
Designer　Henry Killam Murphy; Lv Yanzhi
Built Time　1923

The 20th Century Chinese Architectural Heritage
Major Historical and Cultural Site Protected at the National Level

邮政编码：

交通銀行南京分行
中華第一商圈中
最美的老銀行

交通银行南京分行旧址

地　　点　南京市
设　　计　缪苏骏
建成时间　1935年
中国20世纪建筑遗产
江苏省文物保护单位

　　原交通银行南京分行采用罗马古典建筑形式，钢筋混凝土结构，以爱奥尼亚柱式作为主要立面构图，整个建筑坚固挺拔、浑厚凝重。现为中国工商银行南京钟山支行。

The Former Site of the Bank of Communications, Nanjing Branch

Location　Nanjing
Designer　Miao Sujun
Built Time　1935

The 20th Century Chinese Architectural Heritage
Historical and Cultural Sites Protected at the Provincial Level

邮政编码：

扬子饭店

南京成为
通商口岸后
最早的一家
西方人开辦的宾館
曾作为民国付期
招待各国专使的
定点饭店

扬子饭店旧址

地　　点　南京市
设　　计　柏耐登
建成时间　1914年
中国20世纪建筑遗产
江苏省文物保护单位

　　扬子饭店是南京成为通商口岸后最早的一家西方人开办的宾馆，曾作为民国时期招待各国专使的定点饭店。建筑采用法国古典主义府邸式样，局部点缀中国式的构件和修饰，墙体为明城墙砖砌筑而成，是中国仅有的使用明城墙砖修筑的法式古堡型建筑。

The Former Site of Yangtze Hotel

Location　Nanjing
Designer　Bernenden
Built Time　1914

The 20th Century Chinese Architectural Heritage
Historical and Cultural Sites Protected at the Provincial Level

邮政编码：

中山陵 中國近代史上的永恒見證 中國建築史上的巅峰之作 葉蕾

中山陵

地　　点　南京市
设　　计　吕彦直
建成时间　1929年
中国20世纪建筑遗产
全国重点文物保护单位

　　中山陵是中国民主革命的伟大先驱孙中山先生的陵寝及其附属纪念建筑群。整个建筑群依山势而建，由南往北逐渐升高，主要建筑有博爱坊、墓道、陵门、石阶、碑亭、祭堂和墓室等，排列在一条中轴线上，从空中俯瞰，像一座平卧在绿绒毯上的"自由钟"（警世钟）。中山陵融汇中国传统与西方建筑之精华，被认为是中国近代最优秀的建筑作品之一。

Sun Yt-sen Mausoleum

Location　Nanjing
Designer　Lv Yanzhi
Built Time　1929

The 20th Century Chinese Architectural Heritage
Major Historical and Cultural Site Protected at the National Level

邮政编码：

中國銀行南京分行
中國銀行南京分行
中國銀行
南京分行
是民國時
期南京金
融服務類
建築的典
型代表

中国银行南京分行旧址

地　　点　南京市
设　　计　陆谦受、吴景奇
建成时间　1923年
中国20世纪建筑遗产
江苏省文物保护单位

　　原中国银行南京分行是民国时期南京金融服务类建筑的典型代表。建筑平面呈"凸"字形，采用钢筋混凝土结构，花岗石主楼基座、水刷石墙面，中间有六根爱奥尼亚巨柱直达二楼，顶部为八面体钟楼，呈现出沉稳、凝重的建筑风格。

The Former Site of the Bank of China, Nanjing Branch

Location　Nanjing
Designer　Lu Qianshou; Wu Jingqi
Built Time　1923

The 20th Century Chinese Architectural Heritage
Historical and Cultural Sites Protected at the Provincial Level

邮政编码：

国际联欢社

国民政府外交部
筹建的国际联欢社
是当时国际交往
的重要场合

国际联欢社

地　　点　南京市
设　　计　梁衍、杨廷宝
建成时间　1936年/1947年（重建）
中国20世纪建筑遗产
江苏省文物保护单位

　　国民政府外交部筹建的国际联欢社，是当时国际交往的重要场所。建筑群包括主楼1栋，西式平房3进。主楼为钢筋混凝土结构，高三层，造型设计采用西方现代派手法。庭院内花木扶疏、芳草如茵，素有"园林饭店"之美誉。中华人民共和国成立后更名为南京饭店，仍承担着重要的国宾接待任务。

The Former Site of International Club

Location　Nanjing
Designer　Liang Yan; Yang Tingbao
Built Time　1936/1947 (Rebuilt)

The 20th Century Chinese Architectural Heritage
Historical and Cultural Sites Protected at the Provincial Level

邮政编码：

首都飯店

民國時期
南京設施
條件最好
的賓館

首都饭店旧址

地　　点　南京市
设　　计　童寯
建成时间　1933年
中国20世纪建筑遗产
江苏省文物保护单位

　　原首都饭店是民国时期南京设施条件最好的宾馆。主体建筑为钢筋混凝土结构，采用西方现代主义风格，平面布局灵活，外观强调立面线条，简洁明了。现为华江饭店。

The Former Site of Capital Hotel

Location　Nanjing
Designer　Tong Jun
Built Time　1933

The 20th Century Chinese Architectural Heritage
Historical and Cultural Sites Protected at the Provincial Level

邮政编码：

无锡太湖工人疗养院

具区潇潇浪

无根蔚顷湖光

青凝碧

青山点点望中微

寒星倒候

连天白

无锡太湖工人疗养院

地　　点　无锡市
设　　计　沈元恺、许克勤等
建成时间　1953年
中国20世纪建筑遗产
江苏省文物保护单位

　　无锡太湖工人疗养院是为迎接国庆十周年江苏建成的"十大建筑"之一，坐落于太湖佳绝处中犊山岛上，由中华全国总工会投资建设，是华东地区第一所为工人群众服务的疗休养机构。建筑采用绿色琉璃瓦的大屋顶，具有鲜明的传统建筑特色，绿瓦灰墙的建筑与周围的秀美风光融为一幅美丽的图画。

Wuxi Taihu WorkersSanatorium

Location　Wuxi
Designer　Shen Yuankai; Xu keqin; et al.
Built Time　1953

The 20th Century Chinese Architectural Heritage
Historical and Cultural Sites Protected at the Provincial Level

邮政编码：

中央醫院

民國府創規模最大設備最完善的國立醫院

中央医院旧址

地　点　南京市
设　计　杨廷宝
建成时间　1933年
中国20世纪建筑遗产
江苏省文物保护单位

　　原中央医院是民国时期全国规模最大、设备最完善的医院。占地50亩，主楼高四层，建筑面积七千多平方米，采用现代化功能布局。建筑为砖混结构，在西方古典主义对称构图基础上，融入中国传统装饰性细部与花纹，通过中式华表、门廊等营造出简洁大方而富有传统特色的风格，是新民族形式建筑的代表。现为中国人民解放军东部战区总医院。

The Former Site of Central Hospital

Location　Nanjing
Designer　Yang Tingbao
Built Time　1933

The 20th Century Chinese Architectural Heritage
Historical and Cultural Sites Protected at the Provincial Level

邮政编码：

徐州博物館

中國首座地館建與墓葬遺址結合為一體的現代化地方綜合博物館

徐州博物馆

地　　点　徐州市
设　　计　关肇邺、季元振、刘玉龙、王增印
建成时间　1999年
中国20世纪建筑遗产

　　徐州博物馆是中国首座把博物馆建设与墓葬、遗址结合为一体的现代化地方综合博物馆。由左右两条平行轴线组织空间，分别形成贯通建筑中心的主轴和经汉石刻展院直达汉墓的副轴，使建筑与广场、土山汉墓巧妙关联。

Xuzhou Museum

Location　Xuzhou
Designer　Guan Zhaoye; Ji Yuanzhen; Liu Yulong;
　　　　　　Wang Zengyin
Built Time　1999

The 20th Century Chinese Architectural Heritage

邮政编码：

茂新面粉厂，中国目前，保存最为完整的民族工商业建筑遗产之一

茂新面粉厂旧址

地　　点　无锡市
设　　计　赵深、陈植、童寯
建成时间　1900年/1945年（重建）
中国20世纪建筑遗产
全国重点文物保护单位

　　茂新面粉厂为民族工商业先驱荣宗敬、荣德生等人于1900年筹资创办，后毁于日寇战火，1946年由荣毅仁主持重建，是中国目前保存最为完整的民族工商业建筑遗产之一。主体建筑为砖混结构，采用红砖立面，开有细长窗户，具有典型现代主义建筑风格。现为无锡中国民族工商业博物馆。

The Former Site of Maoxin Flour Mill

Location　Wuxi
Designer　Zhao Shen; Chen Zhi;Tong Jun
Built Time　1900/1945 (Rebuilt)

The 20th Century Chinese Architectural Heritage
Major Historical and Cultural Site Protected at the National Level

邮政编码：

南京五臺山體育館

風起雲揚
揚起風雲豪傑
龍騰飛躍
躍出沛南健兒

南京五台山体育馆

地　　点　南京市
设　　计　杨廷宝、齐康、钟训正等
建成时间　1975年
中国20世纪建筑遗产

　　南京五台山体育馆是社会主义建设时期最具代表性和标志性的大型体育建筑之一。建筑突破矩形平面，是国内最早采用接近视觉质量分区的八角形布局的体育馆；运用了当时先进的四角锥形空间钢管网架结构屋盖，大大节省了钢材的使用。在此举行了众多国内外大型体育赛事和文化活动，是江苏对外政治、经济、文化、体育交流的重要窗口，也是新金陵四十八景之一。

Nanjing Wutaishan Gymnasium

Location　　Nanjing
Designer　　Yang Tingbao; Qi Kang; Zhong Xunzheng; et al.
Built Time　1975

The 20th Century Chinese Architectural Heritage

邮政编码：

南通大生紗廠

通商惠工江海
之大長財飭力土
地所生

南通大生纱厂

地　　点　南通市
设　　计　——
建成时间　1895年
中国20世纪建筑遗产
全国重点文物保护单位

　　南通大生纱厂（全称为"大生第三纺织公司"）是由中国近代实业家张謇于1895年创办的中国最早的民营纺织企业，是其"实业救国""教育救国"肇始地，也是张謇企业家精神孕育地。大生纱厂拥有当时中国面积最大的单层厂房，采用英式砖木混合结构，厂区还规划建设了标志性的钟楼。

Nantong Dasheng Yarn Factory

Location　Nantong
Designer　——
Built Time　1895

The 20th Century Chinese Architectural Heritage
Major Historical and Cultural Site Protected at the National Level

邮政编码：

拉贝故居

一九三七年十二月侵华日军南京大屠杀期间这里成为南京安全区二十五个收容所之一拉贝先生在这里庇护了超过六百名难民并写下了著名的拉贝日记

拉贝旧居

地　　点　南京市
设　　计　——
建成时间　1930年
中国20世纪建筑遗产
全国重点文物保护单位

　　拉贝旧居坐落于金陵大学（现南京大学）校园内，是一幢三层砖木结构、德式风格的小洋楼。1932年至1938年间，德国西门子公司驻南京代表处代表、南京国际安全区主席约翰·拉贝（John H. D. Rabe）先生居住于此。侵华日军南京大屠杀期间，这里成为南京安全区25个难民收容所之一。拉贝先生在这里庇护了超过600名难民，并写下了著名的《拉贝日记》。

John-Rabe House

Location　　Nanjing
Designer　　——
Built Time　1930

The 20th Century Chinese Architectural Heritage
Major Historical and Cultural Site Protected at the National Level

邮政编码：

国民大会堂

民国时期全国规模最大
设施最为先进的大会堂
采用了西方剧院的整体造型
和简洁明快的现代建筑风格
是构近代新民族形式创作的
成功案例

国民大会堂旧址

地　　点　南京市
设　　计　奚福泉
建成时间　1936年
中国20世纪建筑遗产
全国重点文物保护单位

　　原国民大会堂是民国时期全国规模最大、设施最为先进的大会堂。采用了西方剧院的整体造型和简洁明快的现代建筑风格，为五层钢筋混凝土结构，拱形厅顶，立面采用三段式，外观、窗花、雨棚和门扇等细部为简化的中国图样，堪称近代新民族形式创作的成功范例。中华人民共和国成立后改称人民大会堂，现为南京人民大会堂。

The Former Site of the Grand Hall of the Nationals

Location　Nanjing
Designer　Xi Fuquan
Built Time　1936

The 20th Century Chinese Architectural Heritage
Major Historical and Cultural Site Protected at the National Level

邮政编码：

無錫榮氏梅園
與天下布芳馨
栽梅花多萬樹
与眾人同游樂
閒園園空山

无锡荣氏梅园

地　　点　无锡市
设　　计　——
建成时间　1930年
中国 20 世纪建筑遗产
全国重点文物保护单位

　　无锡荣氏梅园是中国第一代民族工商实业家建造的时间最早、规模最大的开放型山林公园，既继承了传统江南园林文化，也汲取了西方公园营造精神，以"为天下布芳馨，与众人同游乐"为宗旨，一改传统私家园林孤芳自赏的文化追求。

Rong's Plum Garden in Wuxi

Location　Wuxi
Designer　——
Built Time　1930

The 20th Century Chinese Architectural Heritage
Major Historical and Cultural Site Protected at the National Level

邮政编码：

中国人民解放军海军诞生地纪念馆

白马进军
威震海疆
奋勇向前
鱼水情深

中国人民解放军海军诞生地纪念馆

地　　点　泰州市
设　　计　齐康、张彤
建成时间　1999年
中国20世纪建筑遗产
全国重点文物保护单位

　　中国人民解放军海军诞生地纪念馆为纪念海军诞生50周年而兴建。新馆的主体建筑外形犹如一只起锚待航的军舰，舒缓的曲线与自然地形实现了良好的契合。展馆从"近代沧桑""白马建军""威震海疆""发展壮大""鱼水情深"五大主题全面展示人民海军从无到有、发展壮大的光辉历程。

The People's Liberation Army Navy Birthplace Memorial Hall

Location　Taizhou
Designer　Qi Kang; Zhang Tong
Built Time　1999

The 20th Century Chinese Architectural Heritage
Major Historical and Cultural Site Protected at the National Level

邮政编码：

國立紫金山天文臺

水寒飛棟觸天
文貞似乘槎去
問津偏使碧虛
無限好峰星石
字也憐人

陸龜蒙

国立紫金山天文台旧址

地　　点　南京市
设　　计　杨廷宝
建成时间　1934年
中国20世纪建筑遗产
全国重点文物保护单位

　　原国立紫金山天文台是中国自己建立的第一个现代天文学研究机构，被誉为"中国现代天文学的摇篮"。至今仍保存着明、清时期复制的古天文仪器件、民族形式的三门石牌坊等。建筑大量采用紫金山特有的虎皮石，使之与山崖浑然一体。立面上将西方古典三段式和中国传统建筑样式结合，体现了中西结合、以中为主的建筑风格。

Purple Mountain Observatory

Location　Nanjing
Designer　Yang Tingbao
Built Time　1934

The 20th Century Chinese Architectural Heritage
Major Historical and Cultural Site Protected at the National Level

邮政编码：

南京大华大戏院

演潮令慈歉
者代宣無
前代事
觀抑揚凜馭
庄中當有
刷少人

南京大华大戏院旧址

地　　点　南京市
设　　计　杨廷宝
建成时间　1936年
中国20世纪建筑遗产
江苏省文物保护单位

　　南京大华大戏院是民国时期南京建造最早、标准最高、规模最大、设备最齐全的戏剧院。为现代派风格的中西合璧建筑。钢筋混凝土结构，西式外立面，门厅高两层，装饰采用中国传统风格，由12根大红圆柱支撑，天花、墙壁、梁枋彩绘以及栏杆扶手雕饰等均具有浓郁的民族特色。观众厅可同时容纳1800余人观影。

The Former Site of Nanjing Dahua Grand Theater

Location　Nanjing
Designer　Yang Tingbao
Built Time　1936

The 20th Century Chinese Architectural Heritage
Historical and Cultural Sites Protected at the Provincial Level

邮政编码：

東吳大學

中國第一所
以現代大學辦體係
興辦的大學
也是保存最完整的
二十世紀初中國校園
建築之一 🔲 🔳

东吴大学旧址

地　　点　苏州市
设　　计　——
建成时间　1900-1930年
中国20世纪建筑遗产
全国重点文物保护单位

　　东吴大学是中国第一所以现代大学学科体系创办的大学，也是保存最完整的20世纪初的中国校园建筑之一。建设年代从清末一直持续到20世纪30年代，建筑类型多样，兼具欧洲古典式、中世纪城堡式、美国教堂式等多种风格，具有较高艺术价值。现为苏州大学本部。

The Former Site of Soochow University

Location　Suzhou
Designer　——
Built Time　1900-1930

The 20th Century Chinese Architectural Heritage
Major Historical and Cultural Site Protected at the National Level

邮政编码：

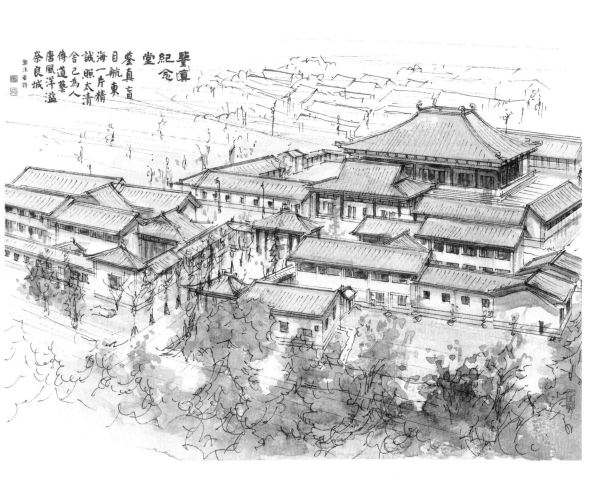

鑒真紀念堂

鑒真盲目航東海
一片精誠照太清
舍己為人傳道藝
唐風洋溢奈良城

郭沫若詩

鉴真纪念堂

地　　点　扬州市
设　　计　梁思成
建成时间　1973年
中国20世纪建筑遗产

　　鉴真纪念堂为纪念鉴真圆寂1200周年所建，是梁思成生前
主持的最后一项建筑设计方案。主体建筑设计参照日本唐招提寺
金堂，采用唐代建筑风格，体现了中日文化的交融。

Jianzhen Memorial Hall

Location　Yangzhou
Designer　Liang Sicheng
Built Time　1973

The 20th Century Chinese Architectural Heritage　　　　　　　邮政编码：

國立中央
博物院

中國第一所由國家
興建的現代大型
綜合性公共博物館
中國博物館百年
發展史無言的鮮活
見證

国立中央博物院旧址

地　　点　南京市
设　　计　徐敬直，梁思成、刘敦桢任设计顾问
建成时间　1953年
中国20世纪建筑遗产
江苏省文物保护单位

　　原国立中央博物院是中国第一所由国家兴建的现代大型综合性公共博物馆。大殿坐落在三层白色石台上，屋面覆盖黄棕色琉璃瓦，红色圆柱，梁柱彩绘，以钢筋混凝土的现代结构，完美诠释了中国古典建筑形象。现为南京博物院。

The Former Site of National Central Museum

Location　Nanjing
Designer　Xu Jingzhi; Liang Sicheng; Liu Dunzhen (Consultant)
Built Time　1953

The 20th Century Chinese Architectural Heritage
Historical and Cultural Sites Protected at the Provincial Level

邮政编码：

中央廣播电臺

中國第一座廣播电臺
規模和功率為
當時東亞第一
直至第三电波
遍及全中國和
南洋一带

国民政府中央广播电台旧址

地　　点　南京市
设　　计　——
建成时间　1928年
中国20世纪建筑遗产
全国重点文物保护单位

　　原国民政府中央广播电台是中国第一座广播电台，其规模和功率为当时"东亚第一、世界第三"，电波遍及全中国和南洋一带。建筑为钢混结构，其东西两侧各有一座发射铁塔。现为江苏人民广播电台发射基地。

The Former Site of Central Radio Station

Location　Nanjing
Designer　——
Built Time　1928

The 20th Century Chinese Architectural Heritage
Major Historical and Cultural Site Protected at the National Level

邮政编码：

浦口火車站

原津浦鐵路的南部終端
是連接車津數最繁的第
十一有的重要交通樞紐
也是中國目前保存
景完整的百年火車站

浦口火车站旧址

地　　点　南京市
设　　计　王佐卿
建成时间　1911年
中国20世纪建筑遗产
全国重点文物保护单位

　　浦口火车站旧址是原津浦铁路的南部终端，是连接平津冀鲁豫皖等11省（市）的重要交通枢纽，也是中国目前保存最完整的"百年老火车站"。主体建筑为英式建筑，三层砖木结构，米黄色外墙，红色大屋顶。火车站的月台、雨廊等附属建筑是南京最早的钢混建筑之一。朱自清的散文名篇《背影》中描写的与父亲离别场景就发生在此。

The Former Site of Pukou Railway Station

Location　Nanjing
Designer　Wang Zuoqing
Built Time　1911

The 20th Century Chinese Architectural Heritage
Major Historical and Cultural Site Protected at the National Level

邮政编码：

孫中山臨時大總統府

鍾山風雨起蒼黃
百萬雄師過大
江帝王局龍盤虎
踞昔天翻地覆
慨而慷

孙中山临时大总统府

地　　点　南京市
设　　计　姚彬、虞炳烈、卢树森、赵深等
建成时间　1935年
中国20世纪建筑遗产
全国重点文物保护单位

　　孙中山临时大总统府是中国近代建筑遗存中规模最大、保存最完整的建筑群之一，汇聚了清末、太平天国时期和民国时期的建筑，融合了江南园林和近代西风东渐的建筑风格，曾先后作为清两江总督府、太平天国天王府、中华民国临时大总统府等，记录了近代中国百余年变迁和政权更迭，也是中国共产党领导人民走向最终胜利的历史见证。

Presidential Palace

Location　Nanjing
Designer　Yao Bin; Yu Binglie; Lu Shusen; Zhao Shen; et al.
Built Time　1935

The 20th Century Chinese Architectural Heritage
Major Historical and Cultural Site Protected at the National Level

邮政编码：

通崇海泰
總商會大樓

通崇海泰
總商會
為中國最早
商會之一

通崇海泰总商会大楼

地　　点　南通市
设　　计　孙支厦
建成时间　1920年
中国20世纪建筑遗产
全国重点文物保护单位

　　通崇海泰总商会为中国最早的两家商会之一。建筑采用中轴对称式布局，以门廊、大厅和会议厅为中轴，两边以办公楼环绕形成院落，具有欧洲古典主义风格，曾作为吸收西方建筑艺术的典范和近代优秀建筑载入《中国建筑史》。现为南通市崇川区政府礼堂。

Building of Tong-Chong-Hai-Tai Chamber of Commerce

Location　Nantong
Designer　Sun Zhixia
Built Time　1920

The 20th Century Chinese Architectural Heritage
Major Historical and Cultural Site Protected at the National Level

邮政编码：

國立中央
研究院

華夏學術
精英薈萃
之地
中國現代科學
奠基之所

国立中央研究院旧址

地　　点　南京市
设　　计　杨廷宝
建成时间　1947年
中国20世纪建筑遗产
全国重点文物保护单位

　　原国立中央研究院是民国时期最高学术研究机构，主要包括地质研究所、历史语言所、总办事处等。整个建筑群顺山势而成，多为仿明清宫殿式建筑，钢筋混凝土结构，单檐歇山顶，屋面覆盖绿色琉璃筒瓦，梁枋和檐口为仿木结构，漆以彩绘，清水砖墙，花格门窗。中央研究院培养的人才和研究成果，为中国现代科学的发展起到了奠基作用。

The Former Site of National Academia Sinica

Location　Nanjing
Designer　Yang Tingbao
Built Time　1947

The 20th Century Chinese Architectural Heritage
Major Historical and Cultural Site Protected at the National Level

邮政编码：

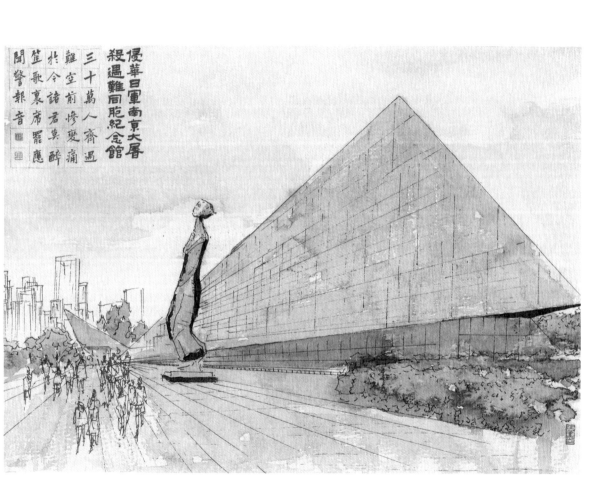

侵華日軍南京大屠
殺遇難同胞紀念館

三十萬人齊遇
難空前慘變痛
於今諸君莫醉
笙歌衷席罷應
聞警報音

侵华日军南京大屠杀遇难同胞纪念馆

地　　点　南京市
设　　计　齐康、何镜堂等
建成时间　1985年
中国20世纪建筑遗产
全国重点文物保护单位

　　为告慰和铭记在南京大屠杀中遇难的30万无辜同胞，1983年开工建设南京大屠杀遇难同胞纪念馆一期工程，后又实施二期、三期扩建工程。建筑设计在保留"万人坑遗址"的基础上，以"生死浩劫""和平之舟""开放纪念"为主题，借助场地、墙、树、坡道、雕塑等营造肃穆悲怆的空间氛围。2014年，在此举行了首次国家公祭日仪式。2015年，中国南京大屠杀档案入选世界记忆遗产名录。

The Memorial Hall of the Victims in Nanjing Massacre by Japanese Invaders

Location　Nanjing
Designer　Qi Kang; He Jingtang; et al.
Built Time　1985

The 20th Century Chinese Architectural Heritage
Major Historical and Cultural Site Protected at the National Level

邮政编码：

無錫縣商會
二十世紀之初
無錫工商業的
聯絡中心和近
代民族工商業
發展的代表性
建築

无锡县商会旧址

地　　点　无锡市
设　　计　——
建成时间　1915年
中国20世纪建筑遗产
全国重点文物保护单位

　　无锡县商会旧址是20世纪之初无锡工商业的联络中心和近代民族工商业发展的代表性建筑。始建于1905年，现存两栋办公楼均建于1915年，是砖木结构的仿西式大楼，清水砖外墙，正面有砖雕罗马柱，外观式样呈典型的民国早年建筑风格，是无锡近代民族工商业发展的重要见证。

The Former Site of Wuxi County Chamber of Commerce

Location　Wuxi
Designer　——
Built Time　1915

The 20th Century Chinese Architectural Heritage
Major Historical and Cultural Site Protected at the National Level

邮政编码：

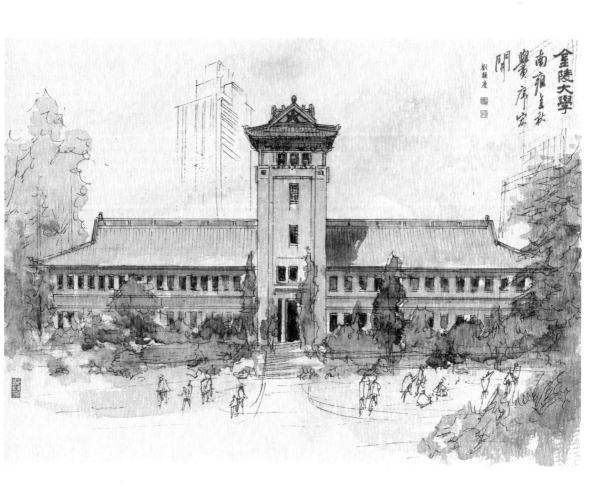

金陵大學
南雍主秋
黌序宏
開

劉鏡虛

金陵大学旧址

地　　点　南京市
设　　计　美国珀金斯建筑师事务所、司迈尔（A. G. Small）、
　　　　　杨廷宝等
建成时间　1937年
中国20世纪建筑遗产
全国重点文物保护单位

　　金陵大学是南京最早的教会大学，以中国官式建筑风格为基调，借鉴了美国近代校园的规划模式，形成以塔楼为中心、不完全对称的布局，建筑造型和装饰则采用中式风格，青砖墙面歇山顶，上覆灰色筒瓦，是西风东渐特定历史时期中国建筑艺术的缩影。

The Former Site of the University of Nanking

Location　Nanjing
Designer　Perkins Fellows & Hamilton Architects; A. G. Small;
　　　　　Yang Tingbao; et al.
Built Time　1937

The 20th Century Chinese Architectural Heritage
Major Historical and Cultural Site Protected at the National Level

邮政编码：

中國共產黨代表團
辦事處 梅園新村

龍盤雲踞古金陵
抗日曾為前哨營指
點舊居懷往事梅
園傅厚尚留名

中国共产党代表团办事处旧址
（梅园新村）

地　　点　南京市
设　　计　——
建成时间　1920年
中国20世纪建筑遗产
全国重点文物保护单位

　　中国共产党代表团办事处旧址是南京梅园新村30号、17号和35号的西式庭院住宅建筑群。在此见证了以周恩来为首的中共代表团开展国共南京谈判以及爱国主义运动的历史时刻。1988年，依托旧址由齐康领衔设计建造了中共代表团梅园新村纪念馆。

The Former Office Site of the Delegation of the Communist Party of China (Meiyuan Xincun)

Location　Nanjing
Designer　——
Built Time　1920

The 20th Century Chinese Architectural Heritage
Major Historical and Cultural Site Protected at the National Level

邮政编码：

金陵兵工廠
撞破驚門
憑炮槍
師夷求富
自畜疆

金陵兵工厂

地　　点　南京市
设　　计　——
建成时间　1935年
中国20世纪建筑遗产
全国重点文物保护单位

　　金陵兵工厂是南京第一座近代机械化工厂，是当时中国四大兵工厂之一，也是中国最大的近现代工业建筑群。厂房格局和式样参照了英国工业建筑风格，采用砖木混合结构和钢木组合屋架，在大空间建筑结构技术上突破了传统，粗大的用料在支撑大空间的同时，也使建筑整体雄浑、稳重而不失工艺美感。现为晨光1865科技创意产业园。

The Former Site of Ginling Arsenal

Location　Nanjing
Designer　——
Built Time　1935

The 20th Century Chinese Architectural Heritage
Major Historical and Cultural Site Protected at the National Level

邮政编码：

中華民國臨時參議院

辛亥革命時十七省的獨立代表在此選舉孫中山為臨時大總統，這裏還通過了中國歷史上第一部體現資產階級民主的中華民國臨時約法

中华民国临时参议院旧址

地　　点　南京市
设　　计　孙支厦
建成时间　1909年
中国20世纪建筑遗产
全国重点文物保护单位

　　中华民国临时参议院是中国近代建筑史上最早由本土建筑师设计建造的新型建筑之一，采用砖木结构、法国宫殿式建筑风格。辛亥革命时十七省的独立代表在此选举孙中山为临时大总统，这里还通过了中国历史上第一部体现资产阶级民主的《中华民国临时约法》。

The Former Site of Provisional Senate

Location　Nanjing
Designer　Sun Zhixia
Built Time　1909

The 20th Century Chinese Architectural Heritage
Major Historical and Cultural Site Protected at the National Level

邮政编码：

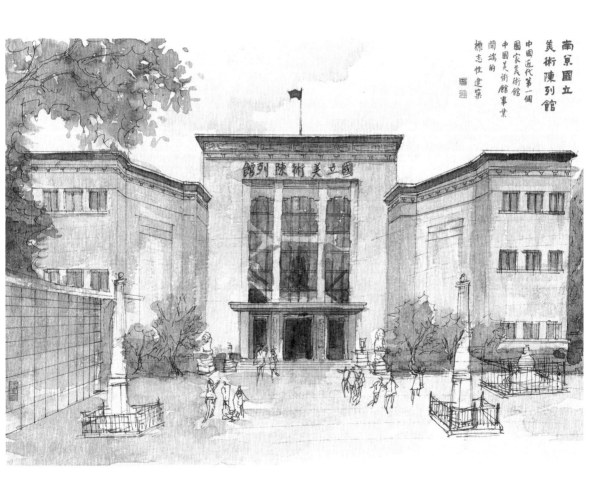

南京國立美術陳列館

中國近代第一個國家美術館中國美術館事業開端的標志性建築

南京国立美术陈列馆旧址

地　　点　南京市
设　　计　奚福泉
建成时间　1936年
中国20世纪建筑遗产
全国重点文物保护单位

　　原南京国立美术陈列馆是中国近代第一座国家美术馆，也是中国美术馆事业开端的标志性建筑。建筑造型、风格与相邻的国民大会堂协调统一。主楼建筑四层，立面呈"山"字形，建筑设计在西式风格中融入了民族元素，是民国时期新民族形式建筑的代表之一。

The Former Site of Nanjing National Art Exhibition Hall

Location　Nanjing
Designer　Xi Fuquan
Built Time　1936

The 20th Century Chinese Architectural Heritage
Major Historical and Cultural Site Protected at the National Level

邮政编码：

南通博物苑
退為學校
庠序以教
多識草木
鳥獸之名

張謇

南通博物苑

地　　点　南通市
设　　计　——
建成时间　1905年
中国20世纪建筑遗产
全国重点文物保护单位

　　南通博物苑由张謇于1905年创办，是中国人独立创办的第一座公共博物馆。早期主要建筑包括南馆、中馆和北馆，由南向北构成主轴线，1988年濠南别业并入南通博物苑，2005年吴良镛领衔设计了博物馆新馆。

Nantong Museum

Location　Nantong
Designer　——
Built Time　1905

The 20th Century Chinese Architectural Heritage
Major Historical and Cultural Site Protected at the National Level

邮政编码：

中央體育場

昔日亞洲
規模宏大之
運動場
今諸歐美科學
之原則
吾國美術
之優點

中央体育场旧址

地　　点　南京市
设　　计　杨廷宝、关颂声
建成时间　1933年
中国20世纪建筑遗产
全国重点文物保护单位

　　原中央体育场是民国时期全国最大、也是当时亚洲规模最大的运动场，是中国近现代体育发展的见证。建筑群由田径场、国术场、篮球场、游泳池、棒球场、网球场、足球场、跑马场等组成，将西式功能布局与中国传统牌楼及细部纹饰完美融合，充分体现了"本诸欧美科学之原则""吾国美术之优点"的原则，堪称近代建筑典范。

The Former Site of the Central Stadium

Location　Nanjing
Designer　Yang Tingbao; Guan Songsheng
Built Time　1933

The 20th Century Chinese Architectural Heritage
Major Historical and Cultural Site Protected at the National Level

邮政编码：

国民政府
行政院

行政院位列
五院之首，
是南京国民政府
最高
行政机关，
掌管内政外交
军事经济
财政文化教育等
重要
国家事务。

国民政府行政院旧址

地　　点　南京市
设　　计　陈植、范文熙等
建成时间　1933年
中国20世纪建筑遗产
全国重点文物保护单位

　　原国民政府行政院是南京国民政府《首都计划》中规划建设的"五院八部"建筑之一，为钢筋混凝土结构的中国传统宫殿式建筑，采用重檐歇山顶，琉璃瓦屋面，檐下斗拱彩绘。现为解放军南京政治学院校区。

The Former Site of Executive Yuan

Location　Nanjing
Designer　Chen Zhi; Fan Wenxi; et al.
Built Time　1933

The 20th Century Chinese Architectural Heritage
Major Historical and Cultural Site Protected at the National Level

邮政编码：

国民政府外交部

首都之景合现代化
建筑勒之一
据吾国固有之建筑
美术发挥而成遗
且饮像且切於实际
而作如纸要名點
无不委曲俱備
實為各權承必需要
之文錦等

国民政府外交部旧址

地　　点　南京市
设　　计　赵深、陈植、童寯
建成时间　1935年
中国20世纪建筑遗产
全国重点文物保护单位

　　国民政府外交部采用西式平顶和三段式立面，"T"字形平面布局，钢筋混凝土结构，檐口下以褐色琉璃砖砌出浮雕和简化斗拱装饰，呈现民族式样和洗练的设计手法，被称为当时"首都之最合现代化建筑物之一；将吾国固有之建筑美术发挥无遗，且能使其切于实际，而于时代所要各点，无不处处具备，毫无各种不必需要之文饰等"。现为江苏省人大常委会办公地。

The Former Site of the Ministry of Foreign Affairs

Location　Nanjing
Designer　Zhao Shen; Chen Zhi; Tong Jun
Built Time　1935

The 20th Century Chinese Architectural Heritage
Major Historical and Cultural Site Protected at the National Level

邮政编码：

張謇故居

厚德載物者之福澤流長
及貴世
中失朧唱為為治文承
觀前朝

张謇故居（濠阳小筑）

地　　点　南通市
设　　计　——
建成时间　1917年
中国20世纪建筑遗产
江苏省文物保护单位

　　张謇故居为中国传统回廊式庭院住宅，由一幢二层楼和多座小庭院组成，采用了中国传统建筑前厅后堂的布局。南临濠河，颇饶景物之秀，是张謇继濠南别业后在南通营建的又一住宅，也是其晚年居所。

The Former Residence of Zhang Jian (Haoyang Villa)

Location　　Nantong
Designer　　——
Built Time　1917

The 20th Century Chinese Architectural Heritage
Historical and Cultural Sites Protected at the Provincial Level

邮政编码：

南京中山陵
音樂臺

将東方園林的師法自然
巧妙運用於西方園林的
形式之中應經近一個世
紀的洗禮仍愿久彌新
于密林山寄之中時現
音樂之妙境

南京中山陵音乐台

地　　点　南京市
设　　计　杨廷宝、关颂声
建成时间　1933年
中国20世纪建筑遗产

　　南京中山陵音乐台原为举行纪念孙中山先生仪式时集会之用。建筑设计利用原有坡地，将江南古典园林建筑艺术和西方古典建筑手法完美融合，空间开阔，雕饰精湛，是中国传统风格与西方古典建筑风格相结合的范例。虽已历经近一个世纪的洗礼，仍历久弥新，于密林山势之中，时现音乐之妙境。

Nanjing Sun Yat-sen Mausoleum Music Station

Location　Nanjing
Designer　Yang Tingbao; Guan Songsheng
Built Time　1933

The 20th Century Chinese Architectural Heritage

邮政编码：

無錫太湖飯店
太湖三萬六，
千頃月正在
波心說嚮
誰

无锡太湖饭店

地　　点　无锡市
设　　计　钟训正等
建成时间　1985年
中国20世纪建筑遗产

　　无锡太湖饭店位于风光优美的太湖风景区，原为中国民族工业先驱荣德生创办的私立江南大学，1952年改建为无锡市首家外事国宾馆，并于当年接待参加亚太青年和平会议的各国代表。1985年完成的新楼，是当时"正阳卿组合"（钟训正、孙钟阳、王文卿）建筑设计代表作，被加拿大著名建筑师埃里克森认为是中国令他印象最深刻的现代主义建筑之一。

Wuxi Taihu Hotel

Location　Wuxi
Designer　Zhong Xunzheng; et al.
Built Time　1985

The 20th Century Chinese Architectural Heritage

邮政编码：

天香小筑一座中西合璧式的花园别墅建筑现为苏州市图书馆古籍部

天香小筑

地　　点　苏州市
设　　计　——
建成时间　1935年
中国20世纪建筑遗产
全国重点文物保护单位

　　天香小筑是一座中西合璧式的花园别墅建筑，呈"回"字形格局，由大厅（鸳鸯厅）、主楼及东西两厢楼等构成。以苏州传统第宅庭园布局和结构形式为基调，同时吸收融合了中国北方建筑和西洋建筑的特征，在外观、装饰等方面具有独特的风格。现为苏州市图书馆古籍部。

Tianxiang Villa

Location　Suzhou
Designer　——
Built Time　1935

The 20th Century Chinese Architectural Heritage
Major Historical and Cultural Site Protected at the National Level

邮政编码：

淮海戰役
烈士紀念塔

千載義旗初
遠眺驚天氣
廿河似谷圍百
男兒笑中看中
原多激戰義
見此時酣
雪浪翻天風似
箭陣前歌舞
犹歌
冰魚釜底行
朝餐如春花
盛枝传撒刺

江南 圖印

淮海战役烈士纪念塔

地　　点　徐州市
设　　计　杨廷宝等
建成时间　1965年
中国20世纪建筑遗产
全国重点文物保护单位

　　淮海战役烈士纪念塔由国务院于1959年批准建设，塔身为钢筋混凝土结构，塔顶由五角星照耀下的两支相交步枪和松子绸带组成的塔徽，象征着华东、中原两大野战军协同作战取得胜利，塔座南北两侧浮雕再现了会师淮海、决战中原和人民支前场景。

Huaihai Campaign Martyrs Memorial Tower

Location　Xuzhou
Designer　Yang Tingbao; et al.
Built Time　1965

The 20th Century Chinese Architectural Heritage
Major Historical and Cultural Site Protected at the National Level

邮政编码：

淮安周恩來紀念館

大江歌罷掉頭東
邃密群科濟世窮
面壁十年圖破壁
難酬蹈海亦英雄

淮安周恩来纪念馆

地　　点　淮安市
设　　计　齐康、张宏
建成时间　1992年
中国20世纪建筑遗产

　　淮安周恩来纪念馆是为纪念周恩来总理而在其家乡淮安所兴建。整个馆区由纪念性建筑群、纪念岛、人工湖和环湖绿地组成。采用南北中轴对称的总体布局，通过白色和蔚蓝色的基调营造出庄严宁静的环境气氛，整体建筑群气势恢宏，体现周恩来总理高贵的人格精神。

Huai'an Zhou Enlai Memorial Hall

Location　Huai'an
Designer　Qi Kang; Zhang Hong
Built Time　1992

The 20th Century Chinese Architectural Heritage

邮政编码：

北極閣氣象臺

波瀾壯濶浃乾坤大
氣象包藏水君閣

北极阁气象台旧址

地　　点　南京市
设　　计　——
建成时间　1928年
中国20世纪建筑遗产
全国重点文物保护单位

　　北极阁气象台是中国近现代第一个国家气象台。建筑为六角形，底层为柱式外廊，在中式传统风格中体现了西方营建技术理念。2010年，在此建成中国第一个气象专业性博物馆——中国北极阁气象博物馆。

The Former Site of Beijige Meteorological Observatory

Location　Nanjing
Designer　——
Built Time　1928

The 20th Century Chinese Architectural Heritage
Major Historical and Cultural Site Protected at the National Level

邮政编码：

民國中央陸軍軍官學校

昇官發財
請往他處
貪生怕死
勿入斯門

民国中央陆军军官学校

地　　点　南京市
设　　计　张谨农
建成时间　1933年
中国20世纪建筑遗产
全国重点文物保护单位

　　原民国中央陆军军官学校是南京国民政府在清朝陆军学校旧址上兴建的新式军官学校，是民国时期最早设置的军事教育机构。从1928年至1933年，先后建造了大量校舍，逐渐形成以西式建筑为主的建筑群。

The Former Site of Central Army Academy

Location　　Nanjing
Designer　　Zhang Jinnong
Built Time　1933

The 20th Century Chinese Architectural Heritage
Major Historical and Cultural Site Protected at the National Level

邮政编码：

国民革命军
遗族学校

当今东方第一
所新兴学校

作湘·川村白龙教授

国民革命军遗族学校

地　　点　南京市
设　　计　吕彦直、朱葆初
建成时间　1929年
中国20世纪建筑遗产

　　国民革命军遗族学校紧邻中山陵，占地130余万平方米，是专门收容北伐战争中阵亡将士的子女和辛亥革命中牺牲的烈士后代的学校。全校分为职工、小学、保育三部，后来又增设中学。校门为传统牌楼式，校园建筑包括教室、宿舍、办公室、医院、农场等。

Martyrs Descendants School for National Revolutionary Army

Location　Nanjing
Designer　Lv Yanzhi; Zhu Baochu
Built Time　1929

The 20th Century Chinese Architectural Heritage

邮政编码：

航空烈士
公墓
世界上规模
最大的航空
烈士纪念
建筑群

航空烈士公墓

地　　点　南京市
设　　计　邱德孝
建成时间　1932年/1985年（重建）
中国20世纪建筑遗产
江苏省文物保护单位

　　　航空烈士公墓于1932年为纪念在北伐以及淞沪抗战中阵亡
的空军飞行员而兴建，1985年按原设计图纸进行了修复。主体建
筑包括牌坊、左右庑、"航空救国"碑亭、祭堂、东西功德碑亭、
烈士衣冠冢等，中轴线最高处的广场上矗立着抗日航空烈士纪念
碑和英烈碑，是目前世界上规模最大的航空烈士纪念建筑群。

Aviation Martyrs Cemetery

Location　Nanjing
Designer　Qiu Dexiao
Built Time　1932/1985 (Rebuilt)

The 20th Century Chinese Architectural Heritage
Historical and Cultural Sites Protected at the Provincial Level

邮政编码：

南京農學院教學樓

原為華東航空學院主樓，建築在整體風格上體現了中國傳統建築特徵同時又打破傳統的脊神佈捲在室中俯瞰呈飛機狀。

南京农学院教学楼

地　　点　南京市
设　　计　杨廷宝
建成时间　1954年
中国20世纪建筑遗产

　　南京农学院教学楼原为华东航空学院主楼。建筑在整体风格上体现了中国传统建筑特征，飞檐翘角，上覆绿色琉璃瓦，同时又打破传统的对称结构，在空中俯瞰呈飞机状。建筑将"一"字形平面的底层处理成三个不同的标高，使建筑物的轮廓和周围的地形、山势互相呼应，体现了巧妙的设计构思。

The Former Site of Nanjing Agricultural College Teaching Building

Location　Nanjing
Designer　Yang Tingbao
Built Time　1954

The 20th Century Chinese Architectural Heritage

邮政编码：

雨花臺烈士陵園

紫金山麓雨

祭英靈雨

花臺前吊

古今烈士為

園流血盡人

民因情心悲

鳴 血的贊歌

雨花台烈士陵园

地　　点　南京市
设　　计　杨廷宝、齐康、钟训正等
建成时间　1987年
中国20世纪建筑遗产
全国重点文物保护单位

　　雨花台烈士陵园是中华人民共和国成立后建立最早、规模最大的国家级烈士陵园。建筑组群由烈士就义群雕、烈士纪念碑、倒影池、纪念桥、纪念馆、忠魂亭等组成，历经三十余年，由数位建筑大师接续完成，也是杨廷宝生前主持设计的最后一座建筑。

Yuhuatai Martyrs Memorial Park

Location　Nanjing
Designer　Yang Tingbao; Qi Kang;Zhong Xunzheng; et al.
Built Time　1987

The 20th Century Chinese Architectural Heritage
Major Historical and Cultural Site Protected at the National Level

邮政编码：

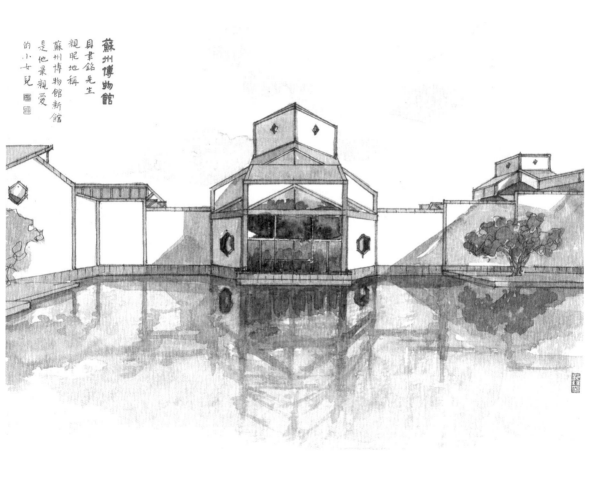

蘇州博物館

貝聿銘先生
親昵地稱
蘇州博物館新館
是他最親愛
的小女兒

苏州博物馆新馆

地　　点　苏州市
设　　计　贝聿铭
建成时间　2006年
中国20世纪建筑遗产

　　苏州博物馆新馆是收藏、展示、研究、传播苏州历史文化艺术的地方性综合性博物馆，以"中而新，苏而新"为设计理念，继承和创新了江南古典园林的元素，并通过现代技术方法和空间营造形成传统园林意境，实现了传统与现代的转换，与苏州古城的历史文脉和建筑的历史环境融合和新生。贝聿铭先生亲昵地称苏州博物馆新馆是他"最亲爱的小女儿"。

The New Suzhou Museum

Location　Suzhou
Designer　Ieoh Ming Pei
Built Time　2006

The 20th Century Chinese Architectural Heritage

邮政编码：